ぼうけんやなぞが大好きなほねほねザウルスの子どもなんだ！ふだんは、ほかのほねほねザウルスたちといっしょに、ほねほねランドでくらしているよ。

こんにちは〜！ぼくのことはゴンちゃんってよんでね。

ステゴサウルスのゴンちゃん

いつものんびりマイペースの、ステゴサウルスの子ども。でもじつは、とってもものしりなんだ。

ザウルス号

ドクター・ヨッシーが発明した超時空移動マシン。時間や空間、さらには次元も超え、さまざまな場所に自由に行くことができるんだ！

「今日は、みんなをおもしろいところに、つれて行ってあげよう！」

「ホント!? 楽しみだな〜！」

ドクター・ヨッシーの
ほねほねザウルス
❶ ティラノサウルスのひみつたんけん
恐竜博物館

監修 福井県立恐竜博物館＋カバヤ食品株式会社

岩崎書店

ベビーたちをザウルス号に乗せ、
ほねほねランドからつれだした
ドクター・ヨッシー。
その行く手にあらわれたのは、
銀色に光りかがやく、
巨大なドームだった！
しかも、中からだれかが
よびかけてきているぞ……。

そうさ！
あの中に、
ほねほねザウルス
誕生のひみつが
あるんだ！

ガーガー、ピーピーッ！
ようこそドクター・ヨッシー、
こちらはノラ博士。
受け入れ準備OK、
着陸を許可します！

ドームの中は恐竜博物館だった！

ドームに入ったベビーたちの目にとびこんできたのは、たくさんのほねほねザウルスたち……と思ったら、じつは恐竜の骨だった。そう、そこは巨大な恐竜博物館だったんだ！

うわ～っ、すごいや！

オレたちのなかま…じゃないんだよな？

うん。でもにてるよね。

もくじ

ティラノサウルスのひみつたんけん！　…10

- 体の大きさは、けもの竜で最大級！　…12
- 大きくてがんじょうな頭の骨！　…14
- 大きな口の中には…？　…16
- 頭から尾の先まで、上から見ると…？　…18
- 筋肉もりもり、太いあしのひみつ　…20
- するどくとがった、つめのひみつ！　…22
- 下から見てみると…？　…24
- 後ろから見てみると…？　…26

あそぼうエリア①
ティラノサウルスの骨のパーツをさがせ!!　…28

ドクター・ヨッシーのほねほね教室①
ドクター・ヨッシーのひみつ　…30
ドクター・ヨッシーはとんでも発明家!?　…31
ほねほねザウルスってなんだろう？　…32
パーツを組み立てるとほねほねザウルス誕生!!　…32
ひみつのほねほねザウルスも登場　…33

…ドキドキだな。

けもの竜のひみつたんけん　…34

- アロサウルス　…36
- シンラプトル　…38　● タルボサウルス　…39
- デイノニクス　…40
- ケラトサウルス・シノサウルス　…42
- モノロフォサウルス・オビラプトル　…43
- アーケオルニトミムス　…44　● オルニトミムス　…45
- コンコラプトル　…46
- けもの竜は鳥になった!?　…48

あそぼうエリア②
この全身骨格はだれだろう!?　…50

ドクター・ヨッシーのほねほね教室②
ほねほねザウルス誕生のひみつ　…52
いろいろなあそびかたがあるぞ！　…52
ほねほねザウルスの人気のひみつ　…53
ほねほねザウルスができるまで　…54

…わくわくするね。

恐竜発掘レポート
1. 恐竜の化石をさがす！・・・56
2. どうやって化石を発掘するのかな？・・・58
3. けもの竜フクイラプトル発見!!・・・60
4. 羽毛恐竜フクイベナートル発見!!・・・62

あそビリア③
恐竜シルエットクイズ・・・64

ドクター・ヨッシーのほねほね教室③
平面から立体へ！ほねほねザウルスがカタチになっていく！・・・66
大量生産用の「金型」をつくる！・・・67
いよいよ大づめ！金型で成型したテスト品のチェック！・・・67
中身の玩具だけではない！パッケージも大事！・・・68
ようやく完成！「ほねほねザウルス」がきみたちのもとへ！・・・68
どんどんひろがる！ほねほねザウルスの世界！・・・69

どんな恐竜にあえるかな？

けもの竜なぞときたんけん ・・・70
- けもの竜の前あしはどうして小さいの？・・・70
- けもの竜はあしがはやかったの？・・・72
- 口の長ーいけもの竜がいる？・・・74
- けもの竜の歯はどうなっているの？・・・76
- 羽毛が生えたけもの竜がいたの？・・・78
- けもの竜はどんな狩りをしていたの？・・・80
- 水の中をおよぐけもの竜がいたの？・・・82
- けもの竜はどんなあるきかただったの？・・・84
- けもの竜はどんなたまごだったの？・・・86

あそビリア④
めいろ・けもの竜をみつけてすすめ！・・・88

ドクター・ヨッシーのほねほね教室④
ほねほねザウルス・けもの竜大集合!!
- ティラノサウルスたち・・・90
- ティラノサウルスににているけもの竜たち・・・92
- 口がワニのような恐竜たち・・・94
- 羽毛の生えた恐竜たち・・・95

ワタシのひみつもおしえよう！

ティラノサウルスのひみつたんけん！

体の大きさは、けもの竜で最大級！

ティラノサウルスの大きさ（全長）は、11〜13メートル。自動車におきかえるとおよそ3台分だ。

写真のティラノサウルスのロボットは実物の3分の2の大きさ（7.3メートル）でつくられています。

太くてりっぱな尾

筋肉が発達したあし

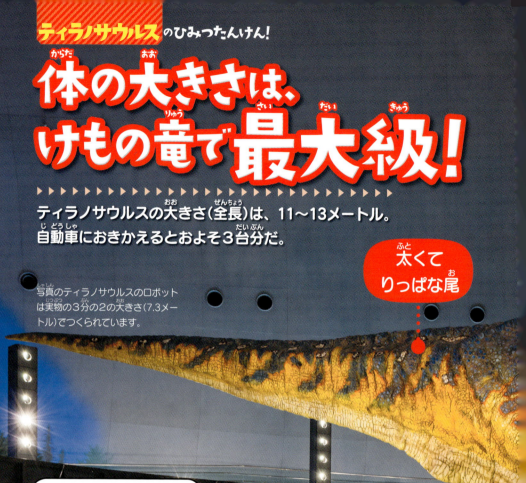

ガハハハ…！これが、ティラノサウルスのすがたを復元したロボットなのだ！どうだ、スゴイだろ？

そうか〜、生きていたころのすがたは骨じゃないんだ…。

ティラノサウルスのひみつたんけん！

- 前むきについた目は視力がよかったと考えられている
- 鼻がよくきいて、遠くのにおいまでかぎ分けることができた
- 全長は11〜13メートル

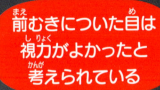

ほかにもいるぞ！最大級のけもの竜

▼ギガノトサウルス

けもの竜の中にも、ティラノサウルスにまけない大きな体の恐竜がいます。ギガノトサウルスは南アメリカで発見された恐竜で、名前は「巨大な南のトカゲ」という意味。全長およそ14メートルの最大級のけもの竜です。

いちばん大きなけもの竜は、スピノサウルスだといわれているんだ。この本の中でも、あとで紹介するよ！

ティラノサウルスのひみつたんけん！

大きくてがんじょうな頭の骨！

大型のけもの竜の多くは、体の大きさにくらべて頭が大きいのがとくちょうだぞ！　ティラノサウルスのなかまのカルカロドントサウルスとアクロカントサウルスの頭の骨（頭骨）を見てみよう。

ティラノサウルスの頭骨はおよそ1.5メートル。小学校高学年のへいきん身長とおなじくらいだ。

鼻にあたる部分

目のはいるあな

カルカロドントサウルス▶

アメリカのシカゴにあるフィールド自然史博物館に展示されている、ティラノサウルス「スー」の骨格標本の頭骨は、272キログラム！小学校高学年の児童7人分くらいのおもさなのだ。

あごの骨はちょうつがいのようになっていて、口を大きくあけることができた

ティラノサウルスのひみつたんけん！

◀ アクロカントサウルス

目、鼻にあたる部分のほかにもいくつものあながあいている

けもの竜の頭骨にはあながいっぱい！

けもの竜、とり竜、かみなり竜の頭骨をくらべてみると、けもの竜の頭骨にはたくさんのあな（空洞）があいています。大型のけもの竜の頭は大きくても、あながあいていることによって、かるくなっていました。

▲ケラトサウルス（けもの竜）　　▲ムッタブラサウルス（とり竜）　　▲ベルサウルス（かみなり竜）

けもの竜の頭は、体のおもさのわりには、かるかったんだ！

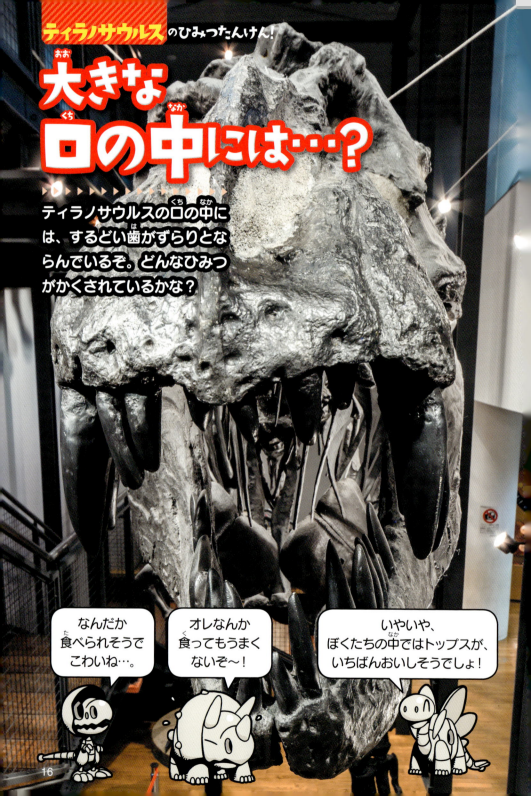

ティラノサウルスのひみつたんけん！

ティラノサウルスの歯

ティラノサウルスの歯は、先がナイフのようにするどくとがっているよ。一本いっぽんが長く、30センチメートルをこえることもある。歯のふちをかくだいして見ると、のこぎりのように細かなギザギザ（セレーション）になっている。

この歯のギザギザこそけもの竜のひみつだ。歯のギザギザは、肉をかみちぎりやすい、えものにかみついたときに血がたくさん出て、えものを弱らせやすいなど、いろいろな理由があるのだ。

長い歯の根もとが骨にうまっていて、かむ力もとても強いんだ！

ティラノサウルスのひみつたんけん！

ぼくらを真上から見るとどう見えるんだろ？

大きな頭がい骨をささえる、太い首の骨（頸椎）

首からせなか、尾へとつながる骨（脊椎）は63〜72こあって、そのおよそ半分が尾の骨（尾椎）だ

おなじけもの竜でもティラノサウルスのような大型恐竜と、コンプソグナトゥスのような小型恐竜では体のつくりがちがうのだ。

◀ ティラノサウルス
頭の大きなティラノサウルスは後ろあしをじくにして、走るときは頭から尾にかけて地面と水平になるようにバランスをとっていたと考えられている。

▲ コンプソグナトゥス
コンプソグナトゥスは、全長およそ1メートルの小型恐竜で頭も小さい。その頭を高くもち上げて、まわりを見ながら走っていたかもしれない。

**ティラノサウルス**のひみつたんけん！

筋肉もりもり、太いあしのひみつ

ヨッシー、それはなに？

2足歩行のティラノサウルスの後ろあしは、大きな体をささえるために筋肉が発達していた。どんなひみつがあるのだろう？

ティラノサウルスの後ろあしの断面。厚い筋肉が骨のまわりをおおっている

ティラノサウルスの体重はおよそ6トン（自動車6台分）。そのおもさを2本のあしでささえていた

あしの先にはするどいつめをもっていた

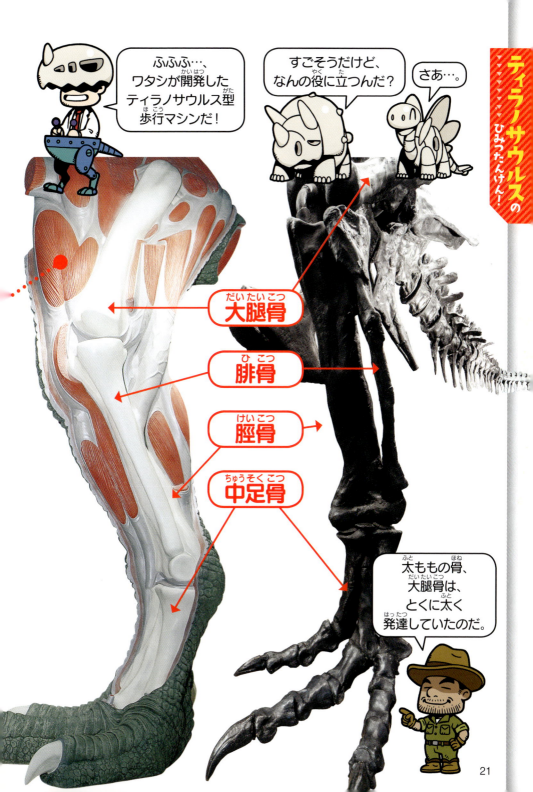

ティラノサウルスのひみつたんけん！

するどくとがった つめのひみつ！

大きな体をささえる後ろあしの先には、するどくとがったつめが生えているぞ。えものを食べるときは、このつめでおさえつけていたようだ。

退化した ゆび

けもの竜の後ろあしには大きな3本のゆびのほかに、小さくてみじかいゆびがあしの横についているのだ。親ゆびにあたるゆびが退化したのだ。

人のつめのつくりとはまったくちがうね！ゆびのつきかたやゆびの数もちがうよ。

中足骨(あしの甲の骨)

趾骨(ゆびの骨)

退化したゆび

末節骨(つめ)

よこから見ると…

つめの先がするどくとがり、根元からまがっている。えものをつかまえたとき、肉につめがささりやすい、かぎづめになっているぞ。

ぼくのあしのつめはこーなってるよ!

ベビー、あしのうらがよごれてるぞ。

ティラノサウルスのひみつたんけん！

下から見てみると…？

ティラノサウルスの体高（地面から頭のてっぺんまでの高さ）は4.6〜6メートルあるよ。ティラノサウルスとならぶと、いったいどんな風に見えるのかな？

上あごのほうが大きいので、するどい歯がならんでいるようすがよくわかる

前あしは後ろあしにくらべてとても小さい。ゆびは2本しかない

後ろあしはこしからまっすぐ下にのびている

ヨッシーは下から見るとどーなってるんだ？

下から見るとこうなってるんだ！

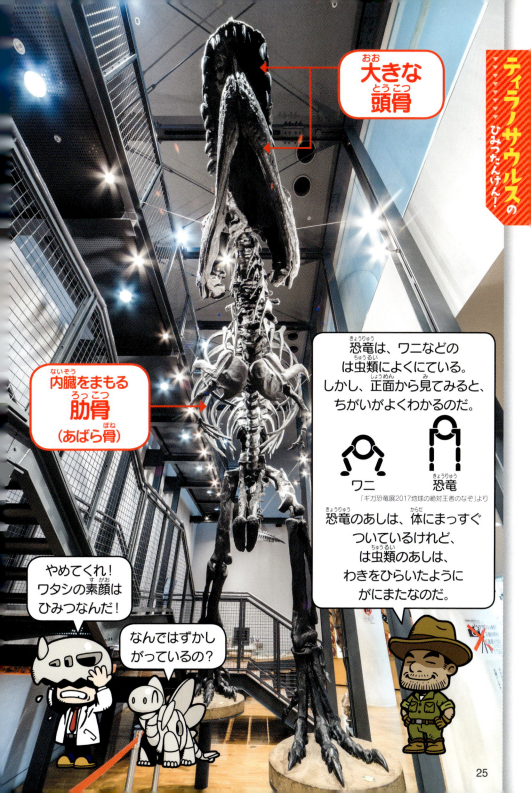

**ティラノサウルス**のひみつたんけん！

後ろから見てみると…？

今度は、ティラノサウルスを後ろから見上げてみよう！　なかなか見ることができない大はくりょくのすがただ！　どんなひみつが見つかるかな？

ティラノサウルスの尾のつけねあたりにあるたてのすじは、ティラノサウルスのおしりのあなだぞ。ティラノサウルスはこのあなからうんちをしたり、メスはたまごをうんだりする

太い尾は力強く、左右にふることができた。てきにぶつけて武器としていたかもしれない

がっしりとした後ろあしは厚い筋肉でおおわれている

へ〜、すごいな！ベビー、これとおなじポーズをとってみてくれよ！

いや、なんとなくはずかしいからやらない…。

これがティラノサウルスのうんちの化石だ!

ロイヤルサスカチュワン博物館所蔵／西本昌司(名古屋市科学館)

ティラノサウルスのひみつたんけん!

▲ティラノサウルスのふんの化石

ふんの大きさ、ふんから発見された骨のかけら、見つかった地層などから、ティラノサウルスのふんの化石と考えられている。長さは40センチメートルほど。

ノラ博士、恐竜のふんの化石からはどんなことがわかるんですか？

ふんの化石には、恐竜が何を食べていて、どのように消化したかなどがわかるヒントがかくされているのだ。ふんの中に、しょくぶつの化石が見つかれば草食恐竜のふん、骨の化石が見つかれば、肉食恐竜のふんだと考えられるのだ。

▲骨格を後ろから見ると…。

つまり、将来ワタシのうんちの化石が発見されれば、ワタシの好物もわかってしまうのか！

あそびのエリア
① ティラノサウルスの骨のパー

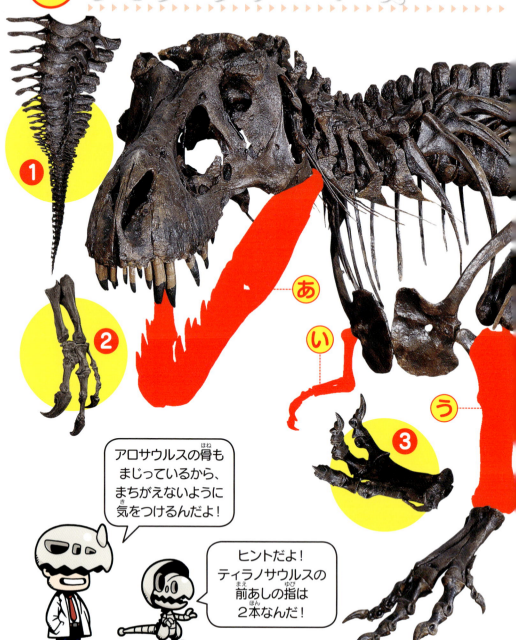

アロサウルスの骨も まじっているから、 まちがえないように 気をつけるんだよ!

ヒントだよ! ティラノサウルスの 前あしの指は 2本なんだ!

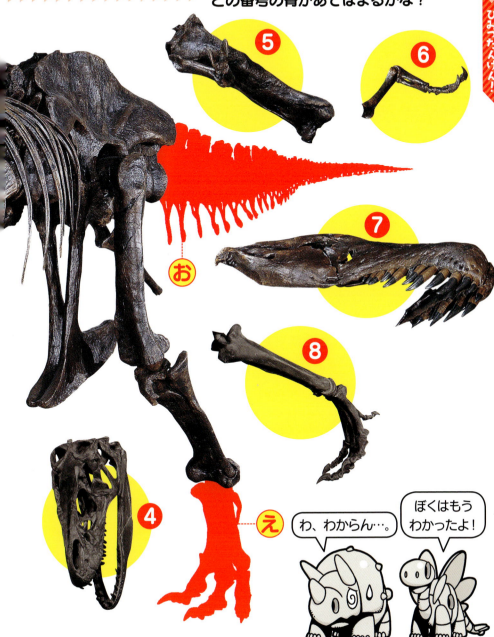

ドクター・ヨッシーの ほねほね教室 ①

🦴 ドクター・ヨッシーのひみつ

きみが大好きなほねほねザウルス、どのくらい集めてつくっているかな？ そんな人気のほねほねザウルスを生みだしているのがドクター・ヨッシーだ。だが、ドクター・ヨッシーって何者なんだろう？ いっしょにそのひみつをさぐろう！

- 頭にケラトサウルスの頭骨のぼうしをかぶっている。
- 顔はだれも見たことがない。
- ドクターの名にふさわしく、白衣をきている。

ドクター・ヨッシーの紹介

ほねほねザウルスの開発を日夜考えているドクター・ヨッシーだが、そのすがたは、謎につつまれている。名前や顔をあかせないというのだ。
しかし、なによりも恐竜が大好きという。とんでも発明家でもある!? ドクター・ヨッシーは、今まで数かずのほねほねザウルスを誕生させているのだ。

ドクター・ヨッシーはとんでも発明家!?

おもしろ、たのしいほねほねザウルスを次つぎと考え、つくりだすドクター・ヨッシーは、とんでもないおもちゃの発明家だ。そのひみつは!?

●まずは好奇心！
ドクター・ヨッシーは恐竜展や博物館、美術館、映画を見たり、本を読んだり、いろんな人にあったりするのが好きなのだ！そうした中に新しいほねほねザウルスのヒントがあるぞ！

●想像力が大切！
どんなデザインにしたらカッコよくなるか？パーツをどうくみあわせたらおもしろくなるか？ドクター・ヨッシーはアタマの中でいつも考えているよ！考えれば考えるほど、すごいアイデアが生まれるのだ！

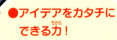

●アイデアをカタチにできる力！
ドクター・ヨッシーは手先の器用さがじまん！アタマの中のアイデアを、絵にかいてカタチにすることができるんだ！理想のカタチができるまで、何度でもやりなおす、根気強さも大切だぞ！

これらをきわめると、きみもドクター・ヨッシーのように、ほねほねザウルスを生みだせるようになるかも!?

ほねほねザウルスってなんだろう?

ほねほねザウルスの箱のなかみは…?

お菓子(ガム)と
プラスチックパーツ、
組み立て説明書が
箱の中に
入っているぞ!

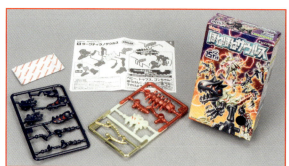

2002年7月に発売された、第1弾のほねほねザウルスたち

「ほねほねザウルス」は、2002年7月からカバヤ食品で発売されている玩具菓子だ。お菓子といっしょに、かんたんに組み立てられる骨のかたちのパーツが入っていて、それでほねほねザウルス1体をつくることができるんだ。スーパーなどのお菓子売り場で買うことができるぞ。

▲第1弾で登場した8種類のほねほねザウルスたち。

パーツを組み立てるとほねほねザウルス誕生!!

プラスチックのパーツを説明書を見ながらつくると、ほねほねザウルスができ上がる。第1弾では、人気恐竜のティラノサウルスやトリケラトプスのほかに、人間タイプのげんしじんなどをあわせた、全8種類が登場した。

▲パーツを組み立てると、
カッコいいティラノサウルスができ上がる!

ドクター・ヨッシーのほねほね教室 ①

ひみつのほねほねザウルスも登場

第1弾につづく第2弾からは、「ひみつのほねほねザウルス」がくわわった。

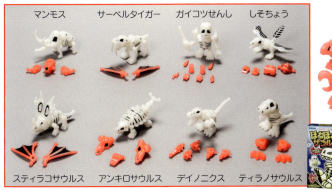

マンモス　サーベルタイガー　ガイコツせんし　しそちょう

スティラコサウルス　アンキロサウルス　デイノニクス　ティラノサウルス

▲スペシャルパーツで完成した「ほねほねドラゴン」。

第2弾が発売されたのは、2003年5月。第2弾からは、ふつうのパーツのほかに、色ちがいのスペシャルパーツがつくようになった。そのパーツを組み合わせると、「ひみつのほねほねザウルス」が完成したぞ。

ティラノサウルス・ベビー　トリケラトプス　ケントロサウルス　アロサウルス

アクロカントサウルス　エラスモテリウム　始祖鳥(しそちょう)　ほねほねデビル

スペシャルモデルは、その後もうけつがれ、第8弾では「スーパーほねほねドラゴン」が登場だ。

パーツがふえて、進化しているんだよ！

▶「スーパーほねほねドラゴン」の登場だ！

33

けもの竜のひみつ

ティラノサウルスのほかにも、けもの竜のなかまはたくさんいるんだ。ここでは、いろいろなけもの竜たちのひみつを紹介するよ！

けもの竜は、獣脚類ともよばれているのだ！けもの竜にはさまざまなタイプがいて、とてもバラエティーに富んでいるのだ！

へ～っ！これみんなぼくのなかま？

けもの竜のひみつたんけん

アロサウルスのひみつ！

アロサウルスも、ティラノサウルスにまけないくらい人気のけもの竜だ。

ティラノサウルスとくらべると、体の大きさにたいして頭が小さかった

アロサウルスの前あしのゆびは3本ある（ティラノサウルスは2本）

アロサウルスは前あしの3本ゆびで、ものをつかむこともできたと考えられているのだ。

ワタシが開発したほねほねザウルスのモデルでも、アロサウルスの指はちゃんと3本になっているよ！

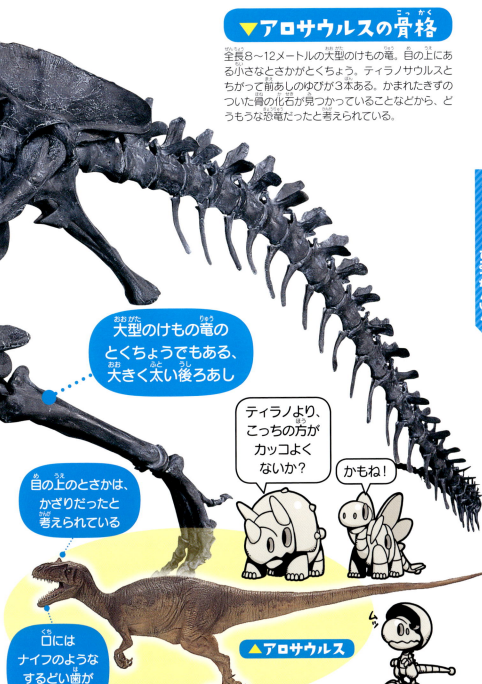

アジアのけもの竜のひみつ！

シンラプトル、タルボサウルスともアジアで見つかった恐竜だ。

頭はほかのけもの竜にくらべてひらたい

▲シンラプトルの骨格

シンラプトルは全長7.6メートルの中国で発見された大型けもの竜で、アロサウルスのなかまだ。

鼻から目にかけてこぶがある

▲シンラプトル

けもの竜のひみつたんけん
デイノニクスのひみつ!

デイノニクスは、ほかのけもの竜にはない、すごい武器をもった恐竜だ。

前あしのつめもするどいかぎづめになっている

後ろあしのつめのうち1本が、ほかのつめより大きいかぎづめになっている。上下に大きくうごかすことができた

デイノニクスの後ろあしのつめは、上下に大きく動かせるようになっていたのだ！このつめで、えものを切りさいたり、つきさしたりしたと考えられているのだ！

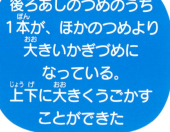

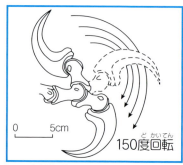

0　5cm

150度回転

Ostrom(1969)／「福井県立恐竜博物館展示解説書」より

▲デイノニクスの骨格

デイノニクスは全長2.7メートルで、けもの竜の中でも中型の恐竜だ。すばやく走ることができ、後ろあしのするどいかぎづめでえものをおそったぞ。

腱でたばねられた尾は太く長い。むきをかえるときにこの尾でバランスをとっていた

この長い尾で体のバランスをとっていたんだね。

あごにはするどい歯がならんでいる

けもの竜のひみつたんけん

デイノニクスほどじゃないけど、ぼくのシッポもけっこう長いよ！

ふん、どーせオレのは短いよ！

▲デイノニクス

けもの竜のひみつたんけん
かわった頭のけもの竜！

けもの竜の中には頭に、小さなこぶやとさかをもったものもいたぞ。

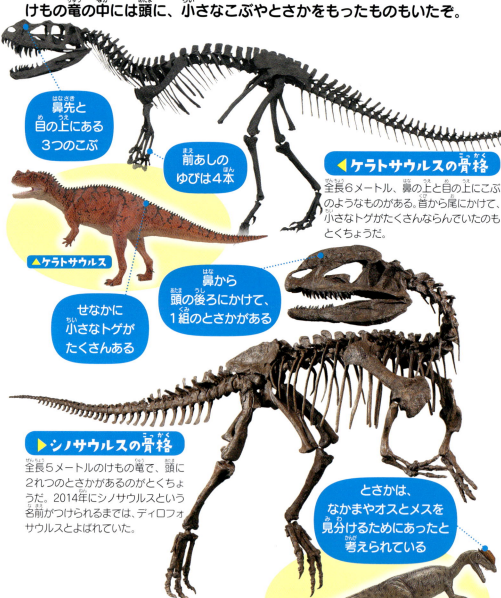

- 鼻先と目の上にある3つのこぶ
- 前あしのゆびは4本

◀ケラトサウルスの骨格
全長6メートル、鼻の上と目の上にこぶのようなものがある。首から尾にかけて、小さなトゲがたくさんならんでいたのもとくちょうだ。

▲ケラトサウルス

- せなかに小さなトゲがたくさんある
- 鼻から頭の後ろにかけて、1組のとさかがある

▶シノサウルスの骨格
全長5メートルのけもの竜で、頭に2れつのとさかがあるのがとくちょうだ。2014年にシノサウルスという名前がつけられるまでは、ディロフォサウルスとよばれていた。

- とさかは、なかまやオスとメスを見分けるためにあったと考えられている

▲シノサウルス

鼻の上にある目立つとさか

◀ モノロフォサウルスの骨格

鼻先から目のあたりにかけて、とさかのようなものがあるぞ。このとさかの中は空っぽで、かざりのためにあったと考えられている。

◀ モノロフォサウルス

けもの竜のひみつたんけん

◀ オビラプトルの骨格

頭に大きなとさかをもつけもの竜。ほかのけもの竜とはちがい、するどい歯はなく、鳥のくちばしのようなとがった口をしている。

▼ オビラプトル

オビラプトルという名前は「たまごどろぼう」という意味なのだ！ほかの恐竜のたまごをぬすんで食べていたと考えられていたので、つけられたのだ！

でも、いまでは、鳥のようにたまごをだいていた化石が発見され、「たまごどろぼう」ではなかったといわれているんだよ。

ひどい！ぬれぎぬだ！

43

けもの竜のひみつたんけん
走るのがはやいけもの竜！

アーケオルニトミムスやオルニトミムスは、ティラノサウルスなどほかのけもの竜とは、見た目が大きくちがう。どんななかまなのだろう。

▼アーケオルニトミムスの骨格

アーケオルニトミムスは全長3メートルのけもの竜だ。ダチョウのような体つきをしているのがとくちょう。

アーケオルニトミムスやオルニトミムスは、けもの竜の中でも頭がとても小さいのだ。体もかるく走るのがとくいだったのだ。

前あしのゆびは3本

頭は小さく、口はくちばし形。ティラノサウルスのようなするどい歯はない

体はかるく、後ろあしが発達していたため、はやく走ることができたと考えられている

▲アーケオルニトミムス

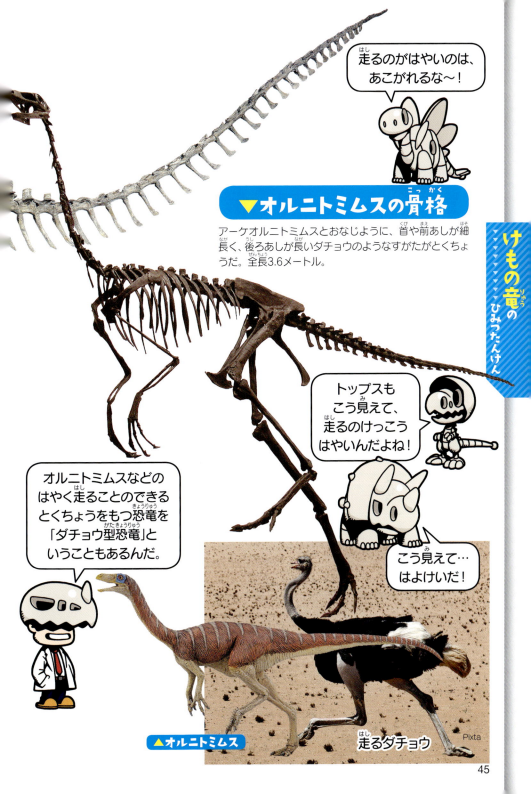

けもの竜のひみつたんけん

巣づくりをした？けもの竜！

いくつものたまごといっしょに発見されたけもの竜の化石もある。子育てをしていた種類もいたようだ。

> 全身は鳥のように羽毛におおわれていたと考えられている

> コンコラプトルは鳥のように、巣でたまごをだいていたと考える人もいるのだ。骨格もたまごをだいているポーズに復元＊したのだ。

> へぇー。

▲コンコラプトル

＊資料を手がかりに生きていた時のすがたを再現すること

▼コンコラプトルの骨格

全長2メートルくらいの小型のけもの竜で、オビラプトルのなかま。歯のない、かたく強いくちばしで貝がらなどをわって食べていたと考える人もいる。しかし、本当はなにを食べていたのか、まだわかっていない。

オウムのようにするどくとがったくちばし。

ワタシは、頭の中でアイデアのたまごをあたため、ほねほねザウルスを誕生させたんだ！

ヨッシー、うまいこと言うね！

ようするに、じまん話だろ？

けもの竜のひみつたんけん

▶たまごをかかえるシチパチの化石

1990年にゴビさばくで発見されたオビラプトルのなかまのシチパチの化石。たまごをかかえたようなしせいで見つかった。この化石から、オビラプトルのなかまは、鳥のようにたまごをだいていたことがわかった。さらに、骨にふくまれているカルシウムの量から、たまごをだいていたのはオスと考える人もいる。

神流町恐竜センター

けもの竜は、鳥になった!?

けもの竜の中には、体に羽毛が生えていた恐竜がいくつか見つかっている。そこから鳥が恐竜の子孫であることもわかってきた。

つまり、恐竜は絶滅したのではなく、恐竜の一部が進化して鳥になったと言えるのだ！

▲ **シノサウロプテリクス**
中国で発見された全長およそ1メートルの小型けもの竜。見つかった化石には、羽毛が生えていたあとがのこっていた。世界ではじめて発見された羽毛をもった恐竜だ。

▲ **カウディプテリクス**
全長およそ1メートル、中国で発見されたオビラプトルのなかまのけもの竜。尾の羽はおうぎのように生えていて、名前は「尾にある羽」という意味だ。飛ぶことはできなかったようだ。

トビのはくせい
いまの鳥も、あしのゆび、大きなつばさや羽の生えかたなど、よく見ると、アーケオプテリクスににた部分がある。

けもの竜のひみつたんけん

▲アーケオプテリクス
1861年にドイツで発見された。「始祖鳥」ともよばれ、最初の鳥とされている。全長はおよそ50センチメートル。グライダーや紙飛行機のように滑空（羽を動かさずに飛ぶこと）したと考えられている。

▲プロトアーケオプテリクス
全長2メートルで中国で発見された。前あしと尾の先に羽が生えていた。見た目は鳥のようだけれど、けもの竜のなかま。口にはけもの竜のとくちょうでもある、のこぎりのような歯が生えていた。飛ぶことはできなかったようだ。

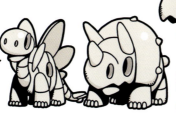

「ベビーが鳥になった？」

「ワタシが開発した飛行メカの、なんとすばらしいことか！」

あそびのエリア ② この全身骨格はだれだろう!?

ヒント1 福井県で発見された、アロサウルスのなかま。

ぼくもおなじポーズをしてみよう！

ヒント3 福井県で発見された、小型のけもの竜。

あ エオドロマエウス
けもの竜の特徴が見られる最古の恐竜のひとつと考えられている。2011年に名前がつけられた。

い ケラトサウルス
ティラノサウルスより小型で、するどい歯を持っている。

4体のけもの竜の骨格があつまった。
❶〜❹は下の写真あ〜えのどのけもの竜の骨格かな？

❷ヒント 鼻の上に1つ、目の上に2つのこぶがある！

けもの竜のひみつたんけん

❹ヒント 全長1.6メートルの小型けもの竜だ。

どれもおなじように見えるな〜。

下の写真とよく見くらべればわかるよ！

う フクイベナートル
福井県勝山市で発見されたけもの竜。羽毛があったと考えられている。

え フクイラプトル
福井県勝山市で発見されたけもの竜。前あしのつめはするどくとがっている。

こたえ…❶-あ、❷-い、❸-う、❹-え

ドクター・ヨッシーの ほねほね教室 ②

ほねほねザウルス誕生のひみつ

大人気シリーズに成長したカバヤ食品のほねほねザウルス。どうやってつくられ、誕生したのか、とっても知りたいところだね。そこで、ドクター・ヨッシーに、そのひみつをきいてみたぞ！

初公開！ほねほねザウルスの企画書！すべてはここからはじまった！

もともとは、「ほね」をテーマにした、「ブロック玩具」という、アイデアだったんだ！そして、「ほね」といえば、博物館にあるカッコイイ恐竜の骨格だよね！ということで、「ほねほねザウルス」が誕生！ゆる～いラクガキ風のアイデアがもとになって、いまではロングセラー商品に！

いろいろなあそびかたがあるぞ！

パーツを自由に組みかえて合体させることもできるんだ！

▲ティラノサウルスとプテラノドン、トリケラトプスを合体させてみた。

ほねほねザウルスの体は「蓄光素材」とよばれる材料でできているので、暗やみで光るぞ！

▲しばらく光にあててから暗やみにおくと、ボーッとうかびあがるように光るんだ。

ほねほねザウルスの人気のひみつ

強くて、大きくて、カッコイイ！恐竜はみんなのあこがれ！きみも文句なしに好きだよね！
もちろん、「ほねほねザウルス」も大好きになるわけだ!!

●ユニークで、ユーモラス！「ほね」のデザイン
「ほね」がバラバラになって、くっついたり、はなれたりするのが
ギャグっぽくておもしろいんじゃないかとドクター・ヨッシーは
かんがえているよ！

●じぶんだけの
「ほねほねザウルス」が
つくれる！
ただ説明書のとおりに
つくるだけじゃない！
ほねほねザウルスはパーツの組みかえ、
合体が自由自在なので、
じぶんだけの、世界にひとつだけの
オリジナルモデルを
つくりだすことができるんだ！

●あつめればあつめるほど、
たのしい！
いろんな恐竜、
いろんなキャラクターがいるのが、
「ほねほねザウルス」の最大の魅力！
どんどんあつめて、
ほねほねザウルスの世界をひろげよう！

●ぜんぶあつめると… スゴイ！
第2弾からスタートした
「ひみつのほねほねザウルス」も人気のひみつ！
色つきのきれいなパーツを全部あつめるとドラゴンになったり、
グリフォンになったり… たのしさがいっぱいだね！

▶第22弾の「ひみつの
ほねほねザウルス・ほ
ねほねバジリスク」。
上の2枚の写真はおな
じく第22弾の組みかえ
例だよ。

53

ほねほねザウルスができるまで

どのようにしてほねほねザウルスは誕生するのかな？ドクター・ヨッシーと見ていこう！

まずはアイデアをだすのが、すべてのはじまり！
- 「ほねほねザウルス、全8種類が
パーツをのこさず、超・大合体したらいいな！」
- 「それならやっぱり、カッコいいドラゴンだ！」
- 「いつもの白いほねほねザウルスではなく、
今度は黒っぽくてワルそうなヤツにしよう！」

アイデアをラフスケッチに！
- 「ドラゴンの翼は、翼竜2体でいけそうだな…
人気のケツァルコアトルスと、
キバがカッコいいアンハングエラにしよう！」
- 「両腕は、けもの竜にしよう！ティラノサウルスははずせない！
あとは…ツノが強そうなカルノタウルスだ！」
- 「アタマはどうしよう…ツノがクワガタのアゴににているな…
そうだ！こんなかんじで考えてみよう！」

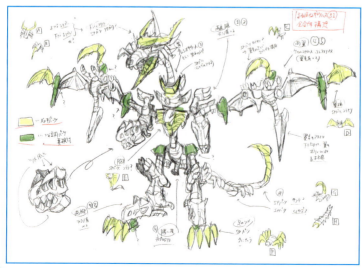

アタマの中のアイデアをもとに、ラフスケッチ（大まかな絵）をかくよ！
ここから実際のカタチになるように、こまかいところを考えていくんだ。

ドクター・ヨッシーの ほねほね教室 ❷

超重要！すべてのもとになる図面とパーツ分解図！

ボリューム感をイメージしながら、実際のサイズで図面をかく！そのときに、どうやってパーツを分けてつくるか、考えながらかいていくんだ！

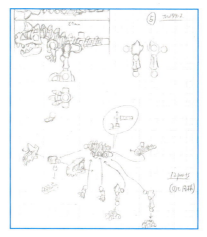

モデルにした恐竜のツメは何本か？など体の特徴は、図鑑などをみて参考にするんだよ！

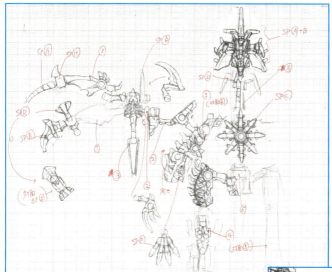

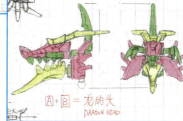

いちばん難しいのが「合体」や「変形」といったギミック部分。とくに複雑なところはアタマだけではなく、手もうごかして、絵をかきながら考えるよ！

これはドラゴンのアタマになる部分だ！カブトムシとクワガタが合体！

➡「ほねほねザウルスができるまで」のつづきは、66ページにあるよ。

恐竜発掘レポート①
恐竜の化石をさがす!

ここは恐竜の化石の発掘現場。大きな岩をわる削岩機や、つるはしなどをつかって、岩の中にうもれた恐竜の化石を掘りだしているんだ。

今度は、恐竜の化石を発掘している現場を見学するよ!

へ〜!こんなところで化石を掘ってるんだ!

▲写真の恐竜の発掘現場は、福井県勝山市にあるよ。けもの竜のフクイラプトルなどの化石がみつかっているんだ。

ガハハ…！
なにをかくそう、
わしは恐竜の
化石を掘る
名人なのだ！

発掘現場では
ヘルメットを
かぶるのだ！

◎上空からみた恐竜発掘現場

岩を掘りおこしているようすがわかるだろうか。岩の中からは、たくさんの恐竜の骨や足あと、ワニやカメや魚、貝や植物など、さまざまな化石がみつかっている。

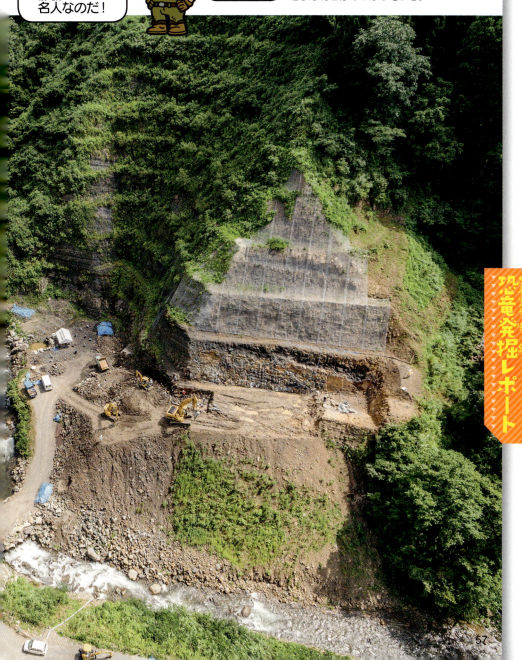

恐竜発掘レポート

恐竜発掘レポート❷
どうやって化石を発掘するのかな？

▲発掘の先頭でかつやくするのは、削岩機がついたショベルカーだ。大きな岩石をわり、掘りおこすはたらきをする！

◎発掘作業

岩石の中には、大きなものから小さなものまで、さまざまな化石がうもれている。みつけた化石がこわれないように、小さなものは、よりていねいにあつかう。

名人のわしでも、新しい化石が見つかるとすごくうれしいのだ！

▶取り出した岩石に、化石がないかどうかを注意ぶかくしらべる。岩石がたくさんある現場は危険もいっぱい。かならずヘルメットをかぶって作業をする。

◎化石発見

化石を発見すると、どこでどのように発見されたかを記録する。場所などをこまかく記録することは、次の新たな化石の発見につながっていく。

▶たくさんの人たちが化石さがしにかかわる。岩石を小さくわって化石をさがす、「ハンマー隊」とよばれる人たちがいる。

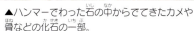

▲ハンマーでわった石の中からでてきたカメや骨などの化石の一部。

◀ハンマー隊は化石のみつかった場所を記録したり、発見した化石がこわれないように綿などでくるんだりする。

恐竜発掘レポート

◎化石のクリーニング

発掘したあとは、化石のまわりについた岩石をとりのぞく、クリーニングとよばれる作業をする。よぶんな石をとって、化石だけににするんだ。

▶クリーニングには、空気の圧力で振動するペン型の機械（エアスクライバー）や小さなタガネとハンマーをつかって岩石から化石をとりのぞく方法などがある。恐竜博物館では、ペン型の機械でクリーニングをしている。

恐竜発掘レポート③
けもの竜フクイラプトル発見!!

- がんじょうな頭
- 目のはいるあな
- ふとい首
- 下あご
- 歯にはのこぎりの刃のようなギザギザ
- 3本のかぎづめのある前あし
- 長い後ろあし
- かぎづめがついた後ろあし

フクイラプトルは、アロサウルスのなかまだと考えられているのだ！

◎ばらばらにみつかったフクイラプトルの骨

1988年から1999年にかけて福井県勝山市でおこなわれた、恐竜発掘調査でみつかったフクイラプトル。たくさんの骨の化石がばらばらな形で発見された。

フクイラプトル

- 発掘地・福井県勝山市
- 全長・およそ4.2メートル
- 生息時期・白亜紀前期
- 名まえのゆらい・福井のラプトル（どろぼう）

大きくはり出した骨盤

▼フクイラプトルの全身骨格

▼復元模型

みじかい前あし

走るのは、はやかったと考えられている

恐竜発掘レポート

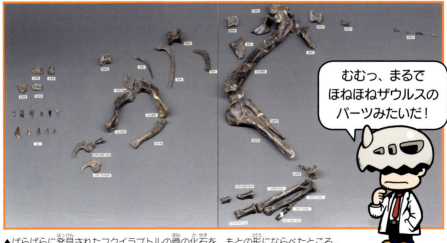

むむっ、まるでほねほねザウルスのパーツみたいだ！

▲ばらばらに発見されたフクイラプトルの骨の化石を、もとの形にならべたところ。

恐竜発掘レポート ④
羽毛恐竜フクイベナートル発見!!

2007年8月に福井県勝山市の恐竜発掘調査で発見された、小型のけもの竜。からだには鳥のような羽毛が生えていたと考えられている。

- 目のはいるあな
- 鼻の部分にあたるあな
- 歯にはのこぎりの刃のようなギザギザはない
- ほそく長いつめがはえる前あし

フクイベナートル
- 発掘地・福井県勝山市
- 全長・およそ2.5メートル
- 生息時期・白亜紀前期
- 名まえのゆらい・福井の狩人

▼復元模型

- からだには羽毛が生えていたと思われる

長い尾は、走るときのバランスをとるはたらきもあるんだ!

◎新種の羽毛恐竜だ！

化石が発見されてから9年後の2016年2月、新種の恐竜として、「フクイベナートル」という名まえがつけられた。

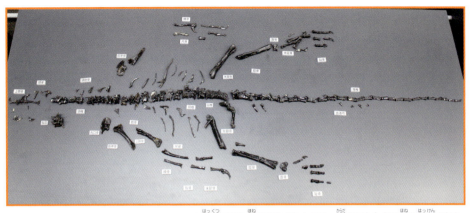

▲発掘された骨をならべたところ。体のほとんどの骨が発見された。

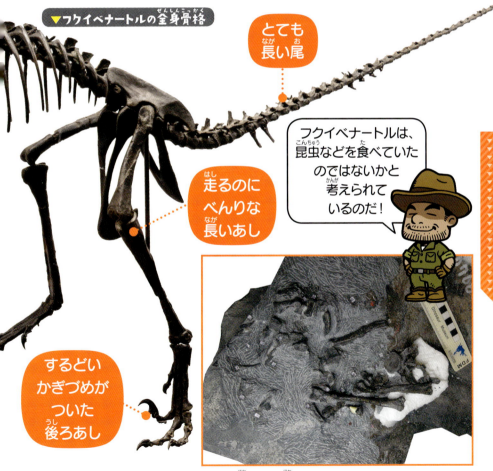

▼フクイベナートルの全身骨格

とても長い尾

走るのにべんりな長いあし

するどいかぎづめがついた後ろあし

フクイベナートルは、昆虫などを食べていたのではないかと考えられているのだ！

恐竜発掘レポート

▲あしの骨やゆびの骨などがまとまってみつかった。

③ 恐竜シルエットクイズ

あ エオラプトル
最古の恐竜のひとつと考えられている。

い アーケオルニトミムス
小さな頭に長い首と尾をもっている。

え オビラプトル
とさかと鳥のようなくちばしのような口をもっている。

けもの竜たちは個性派ぞろい。みな、形もすがたもさまざまだ。
下の写真を見て、どのシルエットがどの恐竜か、あててみよう！

65

ドクター・ヨッシーの ほねほね教室 ３

▶ 54～55ページ「ほねほねザウルスができるまで」のつづきだよ！

平面から立体へ！
ほねほねザウルスがカタチになっていく！

ラクガキ風のアイデア（52ページ）から始まったほねほねザウルスは、図面やパーツ分解図などの平面図から、立体へとかたちをかえていくぞ！

図面ができたら、コンピューターで「3Dデータ」をつくるんだ。画面の中で前後、左右、上下ににうごかして、図面のとおりにできているかどうか、チェックするよ！

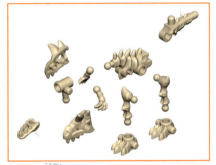

パーツの構成もここでチェック！
この時点ではまだ色はついていないよ！

3Dデータを確認したあと、立体の模型をつくるよ！ 手にとって実際に遊んでみて、ちゃんとうごくかどうか？ なによりも、とがったところや、こわれやすいパーツなど、あぶないところがないか？ ドクター・ヨッシーが目を光らせてチェックするんだ。

とくに複雑な「合体」や「変形」などは立体の模型で遊んでみないとわからない部分も多いんだよ。

66

大量生産用の「金型」をつくる!

「ほねほねザウルス」が全国のどこでも、いつでも売られているのは、「金型」をつくって、工場で大量生産できるからなんだよ！

初公開！これが金型だ！

金型を機械にとりつけて、熱くとけたプラスチックを流しこんで、「ほねほねザウルス」をつくるんだ。

金型は鉄のかたまりなので、とっても重いぞ！工場の中で動かすときは人間の手だけでは無理なので、クレーンやジャッキをつかうんだ。

これが金型の設計図だ！

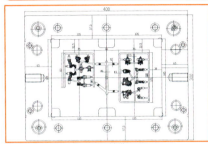

プラスチックの色ごとに「金型」がつくられる。たとえば、白いパーツは白いパーツで1つの金型、黒いパーツは黒いパーツで1つの金型にまとまっているんだよ。金型は3Dデータをもとに、金属を機械で少しずつ彫りこんでつくっていくので、できあがるまでにすごく時間がかかるんだ…！

いよいよ大づめ！金型で成型したテスト品のチェック！

金型ができあがると、それを使ってつくった（成型した）テスト品を確認！主にジョイントのはめこみがゆるくないか、きつすぎないか？ちゃんと組み立てられるかをチェックするよ！

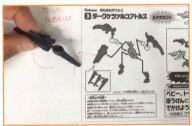

ここではじめて、プラスチックに色がついてできあがってくるよ。

「ここまでくればあとひといき！」

説明書にのせている以外のいろんな組み立て方もためしてみて、念入りにチェックするんだ！

中身の玩具だけではない！ パッケージも大事！

パッケージはみんなが一番はじめに見るところなので、じつはとっても大事！
玩具のおもしろさ、カッコよさを一目で伝えられるようなデザインをこころがけているよ！

ドクター・ヨッシーはパッケージのイラストのアイデアを出すこともあるんだよ！

パッケージもラフスケッチから、だんだんカッコよく仕上がっていくぞ！

大はくりょくのパッケージになったぞ！

ようやく完成！「ほねほねザウルス」がきみたちのもとへ！

仕上がった玩具を、お菓子といっしょにパッケージに入れて「ほねほねザウルス」の完成だ！

第31弾の箱のなかみ（下）と全8種類を集めてできる「ギガントほねほねダークドラゴン」

やっと完成！みんながよろこんであそんでくれたらうれしいな!!

けもの竜なぞときた

けもの竜の前あしはどうして小さいの？

けもの竜の前あしは、後ろあしにくらべてとても小さい。小さい前あしをどのようにつかっていたのだろう？

ティラノサウルスの前あし
前あしは細くてみじかい。けもの竜の中でもしゅるいによってゆびの本数がちがう。ティラノサウルスのなかまはゆびが2本だ。

草食恐竜をおそうゴルゴサウルス
えものを食べるときに、後ろあしだけでなく前あしもつかっておさえこんだり、肉をひきさいていたのかもしれない。

けもの竜の前あしが小さいのは、大きな体のバランスをとるためなどの理由が考えられるのだ。でも、まだはっきりとは、わかっていないのだ。

けもの竜 なぞときたんけん
けもの竜はあしがはやかった❓

恐竜はどのくらいのスピードで走ることができたのだろう。
けもの竜とかみなり竜ではどちらがはやかった？ つの竜はどのくらい？
人間（ヨッシー）といっしょにヨーイ、ドン！

▶ **かみなり竜だいひょう**
ブラキオサウルス
およそ **12** キロメートル（時速）

▶ **大型けもの竜だいひょう**
ティラノサウルス
およそ **23** キロメートル（時速）

▶ **つの竜だいひょう**
カスモサウルス
およそ **26** キロメートル（時速）

▶ **小型けもの竜だいひょう**
デイノニクス
およそ **39** キロメートル（時速）

▶ **ダチョウ型恐竜だいひょう**
ガリミムス

▶ **人間だいひょう**
ドクター・ヨッシー
およそ **20** キロメートル（時速）

ひ〜っ！
ティラノサウルスのほうが、
はやいよ〜っ！

体がかるくあしの長いデイノニクスやガリミムスは、自動車とおなじくらいのスピードで走ることができたと考えられているのだ。ティラノサウルスもはやく走りそうだけど、大きくおもい体に見合った時速23キロくらいだったと考えられているのだ。

ティラノサウルス、がんばれ〜っ！

ぼくのなかまはあんまりあしがはやくないから、参加してないな〜。

どうしたヨッシー、おそいぞ〜！

およそ**58キロメートル**（時速）

けもの竜 なぞときたんけん

けもの竜 なぞときたんけん
口の長ーいけもの竜がいる？

白亜紀中ごろのけもの竜のなかま、スコミムスの頭は、ワニのように長くのびていた。どんなところがほかのけもの竜とちがうのだろう？

口の先には小さなあながたくさんあいている。このあなは、えものを感知するセンサーのやくわりをしていたと考えられている

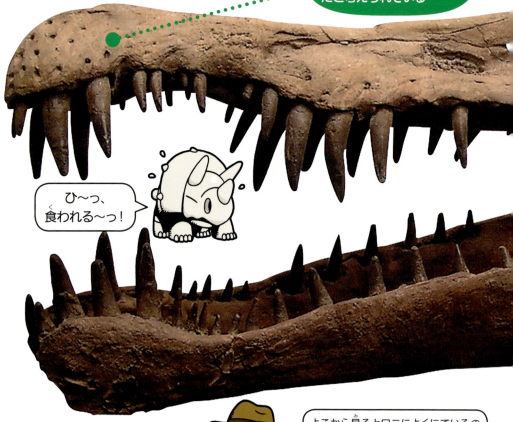

ひ～っ、食われる～っ！

よこから見るとワニによくにているのだ。だけど、ワニの鼻のあなは口の先のほうにある（▼）。ワニはおよぎながら、いきができるように口の先に鼻のあながあるのだ。スコミムスは水べでくらしてはいたけれど、およいだわけではないらしいのだ。生活のちがいによって、体のつくりもちがうのだ。

▲ワニ

けもの竜 なぞときたんけん

けもの竜の歯はどうなっているの？

ケラトサウルスは全長6メートルの中型のけもの竜だ。写真は上あごの骨で、歯はナイフのようにするどくとがっている。

▼ケラトサウルス

けもの竜の歯は、ナイフのようにするどくとがっている。いろいろなけもの竜の歯をじっくり見てみよう！

▲ケラトサウルスの上あごの骨

歯がぬけたところは、下から新しい歯が生えてきているよ

▲ゴルゴサウルスの下あごの骨

「ノラ博士！恐竜にも虫歯はあったの？」

「2億7500万年前の、は虫類のあごの化石に虫歯のあとがあったのだ。でも、恐竜の虫歯はまだ見つかっていないのだ。恐竜の歯はおれたり、ぬけたりしても、新しく生えかわっていたのだ。」

▼ストルティオミムスの頭の骨

▲ストルティオミムス
けもの竜のなかまだけれど、歯はないぞ。鳥のような口ばしで、えものを食べたと考えられている。

▲アルバートサウルス
ゴルゴサウルスにちかいなかまで、全長8メートルの大型けもの竜。

けもの竜 なぞときたんけん

けもの竜 なぞときたんけん

羽毛が生えたけもの竜がいたの？

体に羽毛の生えたあとのある恐竜の化石が見つかっている。
ティラノサウルスにも、鳥のような羽毛が生えていたのだろうか!?

恐竜の化石から、恐竜の形を想像してつくられる復元模型。
新しい説に合わせて、さまざまな模型がつくられている。

「ぼくもためしに羽毛をつけてみたけど、にあう？」

「う、うん…どうかな？」

「気もち悪いからやめてくれ。」

けもの竜はどんな狩りをしてい

けもの竜は、しゅるいによって、狩りのしかたがちがったようだ。どんなふうにえものをつかまえていたのだろう？

けもの竜は、かみなり竜やとり竜などをおそって食べていた。1体でも狩りをおこなう大型のけもの竜にたいして、小型のけもの竜は何体かがむれになって狩りをおこなっていたと考えられている。

▲ガソウルス

▲シュノサウルスをおそうガソウルス

ガソウルスは、全長およそ4メートルの小型のけもの竜だ。いっぽう、シュノサウルスは全長およそ15メートルのかみなり竜だ。ガソウルスは、自分の3ばいいじょうもある大きなシュノサウルスを狩るため、むれでおそったと考えられている。

すごい！

みんなで、力をあわせていたんだね。

▼シュノサウルス

むれでほかの恐竜をおそったときに、なにかの原因で砂にうまり、そのまま化石になったと考えられているのだ。

中国のおなじ地層のおなじ場所で、何頭ものガソサウルスの化石が見つかったのだ。アメリカのユタ州では、やはり、おなじ場所で、何頭ものユタラプトルの化石が発見されているのだ。

けもの竜なぞときたんけん

水の中をおよぐけもの竜がいた

せなかにあるひれのような骨がとくちょうのスピノサウルスは、ティラノサウルスよりも大きなけもの竜のなかまだ。スピノサウルスは水中をおよぐこともできたようだ。

▲水中をおよぐスピノサウルスの復元模型

スピノサウルスは、全長18メートルもある、ティラノサウルスよりも大きなけもの竜だ。せなかの骨は長くのびて、ひふでおおわれていて、頭はワニのように長くのびていた。

▲イクチオサウルス

▲プレシオサウルス

恐竜とおなじ時代に、魚竜のイクチオサウルスやくびなが竜のプレシオサウルスのように、海でくらしていたは虫類もいた。魚竜やくびなが竜のあしは、恐竜のような前あしや後ろあしではなく、ひれのようになっていた。

けもの竜はどんなあるきかた

恐竜のあしあとも化石として発見される。あしあとを見れば、恐竜のあしの形やどんなふうにあるいていたかなどがわかる。けもの竜は2本の後ろあしでどのようにあるいていたのだろう。

するどいつめのようすが、あしあとの形からもよくわかる

およそ1メートル

これはぼくのあしがただよー！

▲ティラノサウルスのあしあと

▲ティラノサウルス   ▲コンプソグナトゥス

「デカいな!」

「2本の後ろあしを たがいちがいに、うごかしていたんだね!」

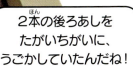

Thulborn(1990)／「福井県立恐竜博物館展示解説書」より

ティラノサウルスのあしあとを、人のあしとくらべてみた。ティラノサウルスのあしの大きさはおよそ1メートル。小学1年生のあしの大きさは、およそ20センチメートル。5ばいも大きい。

あしあとの形からは恐竜のしゅるい、あしあとの間のきょりからは、あるくはやさや恐竜の体の大きさがわかるのだ。あしあとの数からは、何頭の恐竜がいっしょに行動していたかなどがわかるのだ。

けもの竜 なぞときたんけん

けもの竜はどんなたまごだった

恐竜は、たまごでうまれてくる。恐竜のしゅるいによって、たまごの大きさや形もさまざまだ。けもの竜はどんなたまごからうまれてくるのだろう？

ノラ博士、赤ちゃんのおなかから出ているのはなんですか？

おなかから出ているのは、たまごの栄養をとり入れる管なのだ。鳥とおなじように、たまごの中で成長してから、からをわってうまれてくるのだ。

たまごのえいよう

▲恐竜のたまごの復元模型

恐竜の種類によってたまごの形はさまざまだ。写真はベイベイロンという恐竜の化石をもとにつくられた復元模型。ティラノサウルスのたまごは、まだ発見されていない。

栄養をとり入れる管

ベビーは、うまれたときのたまごのカラを、まだ頭にのせてるんだよな！

だって、ずっととれないんだからしかたないじゃない！

©SIPA/amanaimages

たまごの中でうまれる前（胚）のじょうたいで化石になった、オビラプトルのなかま。頭やあしの骨の位置が、たまごの中でどのようなポーズでいたかの、手がかりになった。

けもの竜 なぞときたんけん

④ けもの竜をみつけてすすめ！

スタート →

マジュンガサウルス

イグアノドン

プロサウロロフス

タルボサウルス

シノサウルス

ドクター・ヨッシーの ほねほね教室 ４

ほねほねザウルス・けもの竜大集合‼‥その❶

ほねほねザウルスからティラノサウルスたちがせいぞろいしたぞ。

第１弾 ティラノサウルス

記念すべきほねほねザウルス第１弾の①はもちろん、ティラノサウルス！

ティラノサウルスが集まったぞ！

第２弾 ティラノサウルス

昔はしっぽをひきずって歩いたと考えられていたんだ！

第４弾 ティラノサウルス

人気のティラノはたびたび登場！前あしをうごかせるようになった！

ほねほねザウルスのオリジナルティラノサウルス

第3弾 ティラノサウルス・ベビー

たまごのカラをかぶったベビーはほねほねザウルスのオリジナル！

第5弾 ティラノサウルス・キング

キングもほねほねザウルスのオリジナル！王様の中の王様だ！

第8弾 ティラノサウルス・ベビー

たまごのカラはなんと、ドラゴンのパーツになるぞ！

▼ ティラノサウルスの復元模型

1番人気のティラノサウルス。恐竜の王様だ！

第7弾 T-REX

背びれがギザギザして、よりカッコよくなった！

第27弾 ティラノサウルス

目つきがするどくなり、より凶悪に!?

第28弾 T-REX

T-REXはティラノサウルスの別の呼び名だ！

ほねほねザウルス・けもの竜大集合!!‥その❷

大きな頭とするどい歯、ティラノサウルスに近い恐竜が集まったぞ！
ティラノサウルスとのちがいを見つけてみよう！

第6弾 ギガノトサウルス

ティラノサウルスとちがい、前あしのつめは3本だ！

第10弾 カルカロドントサウルス

サメのようなするどい歯が強そうだ！

第11弾 タルボサウルス

ティラノサウルスよりも小さな前あし！

第12弾 ゴルゴサウルス

するどい目つきでえものをねらうぞ！

第14弾 ダスプレトサウルス

名前は「おそるべきトカゲ」という意味だ！

ドクター・ヨッシーのほねほね教室 ④

第15弾 マプサウルス

なんと子どももいっしょ！カワイイ！

第18弾 アルバートサウルス

ひざも曲がるぞ！とてもはやく走れそうだ！

◀アルバートサウルスの復元模型

ティラノサウルスにまけずとらずの人気者たちだ！

ティラノににているけもの竜たち

第19弾 アベリサウルス

鼻の先にちいさなトゲがあるぞ！

第20弾 サウロファガナクス

目の上のでっぱりがカッコいい！

第23弾 エオティラヌス

名前は「夜明けの暴君」という意味だ！

ほねほねザウルス・けもの竜大集合!!…その❸

ワニのような口をした恐竜たちに、羽毛をもった恐竜たち。ちょっとふしぎな魅力があるぞ。

口がワニのような恐竜たち

第4弾 スピノサウルス

大きな背びれをもつ、ティラノサウルスのライバル!?

第9弾 バリオニクス

とても大きな前あしのつめ!

第13弾 スコミムス

名前の意味は「ワニもどき」。たしかにそっくり!

▲スピノサウルスの復元模型

第19弾 イリテーター

頭の上に奇妙なとさかがあるぞ!

ドクター・ヨッシーの ほねほね教室 ④

第20弾 マシアカサウルス

前につきだした下あごのキバがスゴイ!

第26弾 アンガトラマ

名前の意味は「勇ましい存在」。赤い目が強そう!

第14弾 ヴェロキラプトル

後ろあしのかぎづめもうごかせるぞ!

羽毛の生えた恐竜たち

背ビレや羽毛がユニークだ!カッコイイぞ!

▲デイノニクスの復元模型

第15弾 ディロング

名前の意味は「帝龍」。カッコいい!

第27弾 デイノニクス

ほねなのに、前あしに羽毛が!?

88ページめいろのこたえ…**マジュンガサウルス**➡**タルボサウルス**➡**シノサウルス**
➡**スピノサウルス**➡**ティラノサウルス**➡**デイノニクス**のじゅんにすすんでね。

ドクター・ヨッシーの ほねほねザウルス 恐竜博物館
❶ティラノサウルスのひみつたんけん

監修:福井県立恐竜博物館
 (p.4-7,10-29,34-51,56-65,70-89)
監修:カバヤ食品株式会社
 (p.1-3,30-33,52-55,66-69,90-96および全ページキャラクター部分)
キャラクター監修・作画:ぐるーぷ・アンモナイツ(大崎悌造、今井修司)
撮影:小野寺宏友、石川流星(p.91上)
模型写真提供:荒木一成

撮影協力・写真提供:福井県立恐竜博物館
写真提供:Digital Vision.／ゲッティイメージズ(トビラ)、
 Royal Saskatchewan Museum／西本昌司(名古屋市科学館)(p.27上)、
 神流町恐竜センター(p.47下)、SIPA／アマナイメージズ(p.87下)

編集:グループ・コロンブス(宇川育、橋本千絵)、岩崎書店編集部
企画協力:ドクター・ヨッシー

装幀・デザイン:茶谷公人(Tea Design)

ドクター・ヨッシーのほねほねザウルス恐竜博物館
❶ティラノサウルスのひみつたんけん NDC457

発 行 日　2018年3月31日　第1刷発行

監　　修　福井県立恐竜博物館、カバヤ食品株式会社
発 行 者　岩崎夏海　編集担当 石川雄一
発 行 所　株式会社岩崎書店
　　　　　東京都文京区水道1-9-2 (〒112-0005)
　　　　　電話 03-3812-9131(営業) 03-3813-5526(編集)
　　　　　振替 00170-5-96822
印　　刷　広研印刷株式会社
製　　本　株式会社若林製本工場

©2018 Kabaya Foods Corporation,Group Columbus,Group・Ammonites
Published by IWASAKI Publishing Co.,Ltd.
Printed in Japan.
ISBN 978-4-265-82054-2
ご意見・ご感想をおまちしています。Email:hiroba@iwasakishoten.co.jp
岩崎書店ホームページ　http://www.iwasakishoten.co.jp

本書のコピー、スキャン、デジタル化等の無断複製は著作権法上での例外を除き禁じられています。本書を代行業者等の第三者に依頼してスキャンやデジタル化することは、たとえ個人や家庭内での利用であっても一切認められておりません。

恐竜のなかま分け

●けもの竜(獣脚類)
筋肉の発達した後ろあしで、2足歩行をしていた恐竜。ティラノサウルスやデイノニクスのような肉食恐竜のほか、魚や植物を食べる種類もいる。

●かみなり竜(竜脚形類)
ブラキオサウルスやマメンチサウルスのように、長い首と尾をもつ大きな体の草食恐竜のなかま。太いあしで4足歩行をした。

●とり竜(鳥脚類)
種類によって、2足歩行と4足歩行のどちらも行う草食恐竜のなかま。「とり」とついているが、鳥に進化したのは、けもの竜のなかま。

●よろい竜(装盾類)
どっしりとした体と、体全体をおおう、かたい装甲板をもつ草食恐竜のなかま。

 ## 恐竜が生きていた時代(大き

2億5100万年前	2億2000万年前	1億9960万年前
	三畳紀	ジュラ紀

恐竜がいた時代